Denkometer

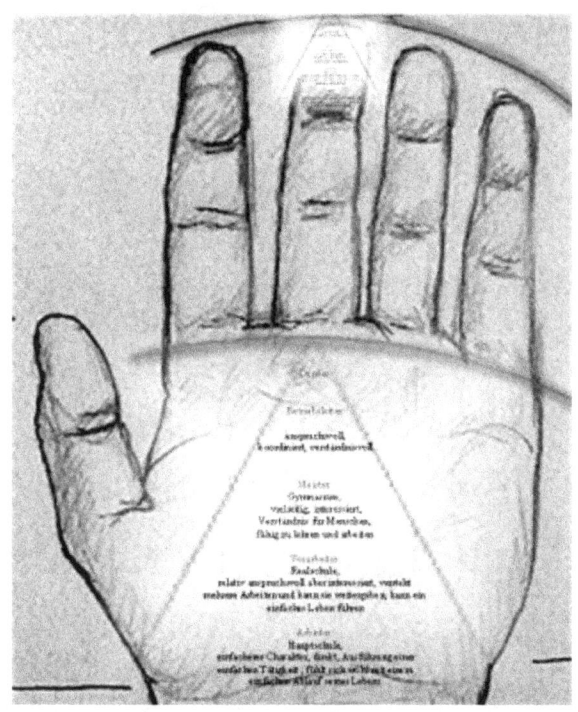

Spielend das Leben verstehen
Von Knirbs und Didl

Denkometer

Eine Ausarbeitung über eine neue Erkenntnis die das Leben verändern wird.
Alles was hier beschrieben wird wurde in zahlreichen Versuchen bestätigt.
Verantwortlich für den Inhalt ist der Hauptautor Dietmar Jung Didl

Denkometer

Ein Spiel um das Geheimnis unseres Denkens und Seins.

Richtig genutzt ist es der Schlüssel zum Glücklichsein.

In der Liebe, im Beruf und im ganzen Leben!!

Das Buch zum Spiel

Vorwort

Denkometer ist ein Buch, dass zum Nachdenken und Ausprobieren anregen soll. Es befasst sich mit der Aufklärung des Denkens und der Menschheit.
Unser Wissen ermöglicht uns zu beweisen dass alle Menschen glücklich werden können.
Jeder Mensch hat seine eigene Aufgabe in seinem Leben zu erfüllen, wenn er diese Aufgabe erfüllt, ist er glücklich.
Das beantwortet auch die Frage: „Gibt es blöde Menschen oder bin ich blöd? Niemand ist blöd!" Jeder ist perfekt in der Aufgabe, die er erfüllen soll.
Dazu kann man die Art des menschlichen Denkens in der Pyramide wieder geben. In dieser Pyramide kann man ablesen zu welcher Gruppe eine Person gehört. Alles was man dazu braucht, ist der Mittel- und Ring Finger.

Es gibt fünf Gruppen, in der Pyramide. Diese Gruppen zeigen an welche Denkweise ein Mensch hat. An ihr kannst du erkennen ob er denkt wie ein Arbeiter, Vorarbeiter, Meister, Betriebsleiter oder ob er ein Denker ist. Wie man dies genau von den Fingern

abliest und was es heißt in der einzelnen Stufe zu sein, werden wir in diesem Buch so abhandeln, dass es jeder Mensch verstehen kann. Unser Ziel ist es zu erreichen, dass jeder Mensch weiß wie er mit anderen Menschen adäquat umgehen kann. Man kann erkennen wie er gelagert ist und was man bei dem Umgang mit den einzelnen Stufen beachten sollte. Wir möchten dass alle Menschen glücklich leben und jeder auch seine Mitmenschen so akzeptieren kann, wie sie sind. Sie haben im Prinzip ja auch nur dieselbe Aufgabe wie alle Menschen: Glücklich zu werden und sich um die Aufgabe zu kümmern, die sie von der Natur zugeteilt bekommen haben.
Mit dem richtigen Hintergrundwissen und logischem Denken kann man nachvollziehen was wir damit mitteilen wollen. Alles was wir hier aufzeigen ergibt einen logischen Sinn und findet in dem Aufbau der Natur die richtige Schlussfolgerung.
Dieses Wissen ist so faszinierend, dass es uns den Anlass gegeben hat dieses Buch zu schreiben.

Spielaufgabe

Wenn man sich in guter Gesellschaft befindet, kennt man sich im Regelfall und kann sich auch gut gegenseitig beurteilen. Versuche die Gruppe nach ihren Fähigkeiten zu ordnen. Die Leistungsfähigsten nach rechts - und dann der Reihenfolge nach links einordnen. Dann bitte die Menschen ihre rechte Hand ausgestreckt neben ihr Gesicht zu halten, so dass man die Handflächen und Finger deutlich sieht. Du wirst feststellen, dass der Abstand von Mittel- zu Ringfinger je nach Leistungsfähigkeit immer kleiner wird. Anfangs wirst du noch ungenau sein, aber du wirst schon ungefähr in dem Bereich liegen, den dir die Finger aufzeigen. Wenn du das dann öfter machst, wird es auch immer genauer. Du wirst erkennen, dass man die angeborenen Funktionen der Menschen an ihren Fingern ablesen kann. Wenn du die Funktionen in ihren verschiedenen Bereichen erfahren willst, lies auf den folgenden Seiten was man dabei für die verschiedenen Bereiche ablesen kann. Du wirst, wenn du in den oberen Bereichen bist mehr erfahren wollen, weil es dich fesselt wie das wohl sein kann. Aber befass dich zuerst mal damit die Finger der anderen Menschen zu studieren und sie zu verstehen.

Um das Verhältnis der verschiedenen Denkarten gut verstehen zu können habe ich eine Pyramide in die verschiedenen Stufen eingeteilt.

An dieser Pyramide kann man erkennen wie viel Prozent der Menschheit sich in welcher Stufe befindet. Daraus wiederum kann man ablesen, wen man gut verstehen kann und wen nicht.

Umgibt man sich mit Menschen, die ähnlich denken wie man selbst wird man merken, dass man ein recht gutes Verhältnis zu ihnen hat. Umso genauer man in der Pyramide bei jemandem liegt, desto besser ist das Verhältnis. Der Idealfall ist, wenn man einen Nachbarstein findet. Mit einem solchen Nachbarstein an deiner Seite gibt es bald keine Missverständnisse mehr mit diesem Menschen. Man muss keine Kompromisse mehr schließen, sondern man ergänzt sich und wächst so gemeinsam in seine Aufgabe hinein.

Wenn man seine Aufgabe erkannt und den passenden Nachbarstein gefunden

hat, liegt einem glücklichen Leben auch
nichts mehr im Weg.

Kurzbeschreibung der Charaktaire

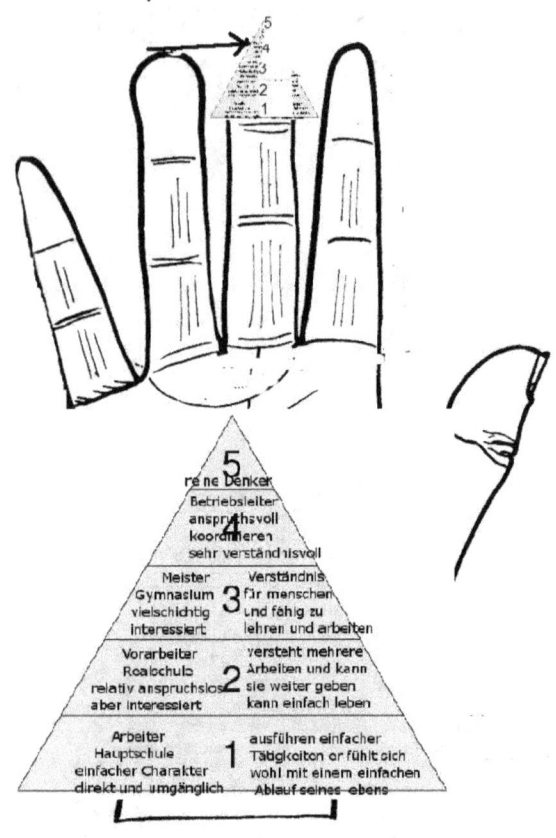

Pyramide der Menschheit

Beschreibung zum lesen

Nehme deinen Mittefinger und schaue dir dein oberstes Mittelfingerglied an. Ersetzte nun in Gedanken dieses Glied durch eine Pyramide - teile dann die Pyramide in 5 gleich große Bereiche... lege deinen Ringfinger nun an die gedachte Pyramide und schaue nun in welchem Bereich die Fingerspitze des Ringfingers aufhört......
Wenn du dir deine Finger in solch einer Pyramide denkst, dann kannst du dir besser vorstellen, wie viele Menschen es in deinem Bereich gibt. Da sie ja von oben nach unten immer breiter wird, kannst du dir die Stufen bildlich vorstellen. Im Moment gibt es noch mehr Arbeiter als Denker und so kannst du es auch nachvollziehen was ich damit ausdrücken will.....

Genaue Beschreibung der Aufgaben und Charaktaire

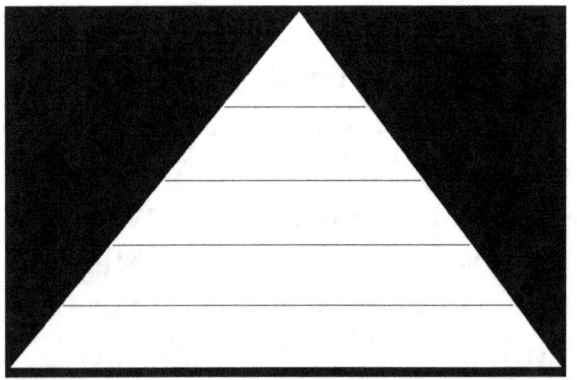

Der Arbeiter

Arbeiter sind wichtige Mitglieder unter der Gesellschaft. Sie sind durch ihre Aufgabe in der Lage, einfache Tätigkeiten sinnvoll zu erledigen. Ihre Aufgabe ist es durch ihre Arbeit unsere Entwicklung zu garantieren. Nur wenn neue Ideen auch umgesetzt werden, können wir uns auch weiter entwickeln. Ihre Anspruchslosigkeit zeichnet sie aus. Sie sind mit wenig zufrieden zu stellen und deshalb auch schnell ausgelastet und somit glücklich. Sie werden aber in unserer Erziehung leider immer überfordert. Und ihre Leichtgläubigkeit macht sie zum Spielball vieler, die sie unsachlich behandeln und zu ihren Zwecken ausnutzen wollen. Arbeiter müssen sich darauf verlassen können was man ihnen sagt. Sie können die komplizierteren Gedanken nicht nachvollziehen. Wenn man sie aber mit korrekten Informationen versorgt, werden sie perfekt. Sie können dann mit diesen Informationen ihren ihnen angeborenen Zweck sinnvoll erfüllen.

Den Arbeitern unter den Lesern sei ein guter Rat mit auf den Weg gegeben: Sucht euch einen Menschen in euerer Umgebung der euch immer die Wahrheit sagt. Wenn ihr irgendetwas nicht versteht redet mit ihm darüber und verlasst euch auf seinen Rat. Am Besten wäre ein „Meister". Vorarbeiter sind da leider nicht die richtigen Ansprechpartner. Wichtig ist auch, dass ihr Informationen von anderen immer nachprüft. Glaubt nur was ihr auch versteht oder jemandem dem ihr auch vertraut. Verlasst euch dabei auf das was euch die Finger der Menschen sagen. Menschen lügen - die Natur nicht.

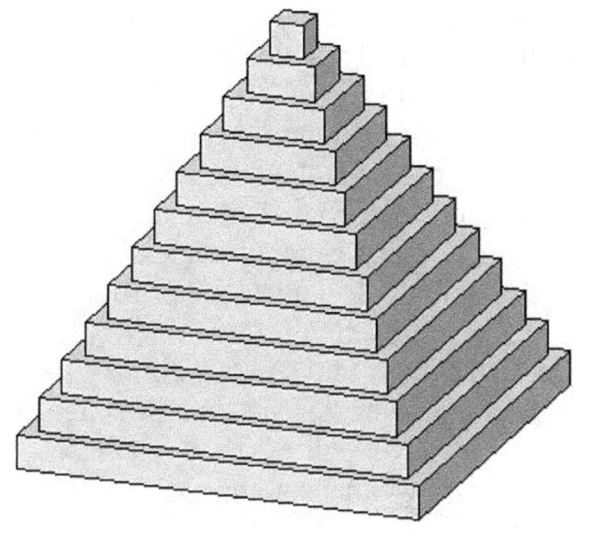

Der Vorarbeiter

Vorarbeiter zeichnen sich aus weil sie mehrere einfache Aufgaben umsetzen und diese auch anderen beibringen können. Sie sind sehr kommunikativ. Sie haben meistens nur wenige Interessensgebiete und können sich mit wenig Aufwand sinnvoll beschäftigen. Wenn man sie sinnvoll mit Informationen versorgt steuern sie einen Grossteil der Aufgaben die erledigt werden müssen. Sie arbeiten auch selbst hart mit, wenn sie nicht gerade mit Einlernen oder Einteilen beschäftigt sind. Sie sind neugierig was ihren Bereich betrifft und haben wenig Interesse an Neuem. Sie sind glücklich wenn sie in Ruhe ihre Arbeit erledigen dürfen und wenn sie ab und zu mal entspannen können. Sachlich behandelt sind sie ein wichtiges Teil der Menschheit. Vorarbeiter muss man respektieren. Ihre Aufgabe ist es mit Arbeitern zusammen Gebiete für alle sinnvoll zu nutzen. Und mein Rat an alle Vorarbeiter: Gebt weiter was ihr wirklich wisst. Und seit euch sicher was ihr weiter gebt. Arbeiter verlassen sich darauf was ihr ihnen sagt. Es liegt an euch wie die Arbeiter leben. Wenn ihr wisst was ihr tut, dann funktionieren auch alle unter euch. Auch ihr braucht einen Meister auf den ihr euch verlassen könnt. Sucht euch sorgfältig einen aus. Im Leben könnt ihr das selbst tun, lasst euch nicht vorschreiben wem ihr vertrauen müsst. Er sollte grundehrlich zu euch sein und ihr müsst ihm blind vertrauen können. Er oder sie sollte bei allen menschlichen Problemen ein zuverlässiger Ansprechpartner sein. Verlass dich bei der Suche nur auf die Natur und nicht auf das was du siehst. Zu viele Schauspieler gibt es, die nur eine Rolle spielen und es nicht mal wissen, weil ihnen die Rolle anerzogen wurde. Deshalb ist ein Blick auf die Finger immer ein guter Helfer in allen Lebenslagen

Der Meister

Meister! Ein interessantes Völkchen. Ihr Interesse ist sehr vielfältig und sie sind nicht einfach glücklich zu machen. Als Meister hinterfragt man alles .sie sind Lehrer und der Umgang mit Menschen ist sehr wichtig für sie. Der soziale Bereich ist auch eine Aufgabe für Meister. Sie sind verständnisvoll zu Menschen die in ihrem Aufgabenbereich liegen. Sie sind zuverlässig und sachlich. Wichtig für den Informationsfluss und als Bindeglied zwischen Denkern und Arbeitern sind sie eines der wichtigsten Mitglieder der Gesellschaft. Sie müssen sich dessen bewusst sein, dass ihre Fehler von vielen Menschen unter ihnen ausgebügelt werden müssen. Sie tragen eine sehr große Verantwortung auf ihren Schultern. Um diese sinnvoll tragen zu können, brauchen sie starke Vorarbeiter um sich. Er neigt zu Esoterik - und versucht Dinge, die er nicht versteht zu begreifen. Sie sind anfällig für Glauben; Glauben an unreale Dinge - um so ihren Sinn zu verstehen. Sie versuchen auf diese Art mit ihrer Psyche zurecht zu kommen.

Ein Tipp an die Meister: Vergewissert euch, dass ihr nur weitergebt was ihr wirklich wisst. Glauben heißt nichts wissen!! Wer die Natur mal ein wenig genauer anschaut findet in Physik und Chemie viele Antworten auf Fragen die euch als Wunder beschäftigen. Jetzt gibt es für alles logische Erklärungen. Man braucht nichts mehr glauben, man kann es wissen. Alle Parawissenschaften befassen sich indirekt mit derselben Frage. Warum sind wir?? Die Natur sagt uns die Antwort auf alle Fragen. Man muss sie nur richtig verstehen und anwenden. Wenn ihr was nicht versteht müsst ihr die Wissenschaften fragen. Jemanden, der das alles verstehen kann und euch logisch erklären kann warum Dinge so sind wie sie sind. Ihr solltet euch einen Denker oder Betriebsleiter suchen, mit dem ihr solche Dinge bereden könnt. Er wird euch auch in allen Lebenslagen zur Seite stehen. Er wird eure Arbeiten nicht erledigen, aber er wird euch zeigen wie ihr das selbst könnt. Sachlicher und emotionsloser Umgang mit anderen Gruppen ist da ein wichtiger Faktor.

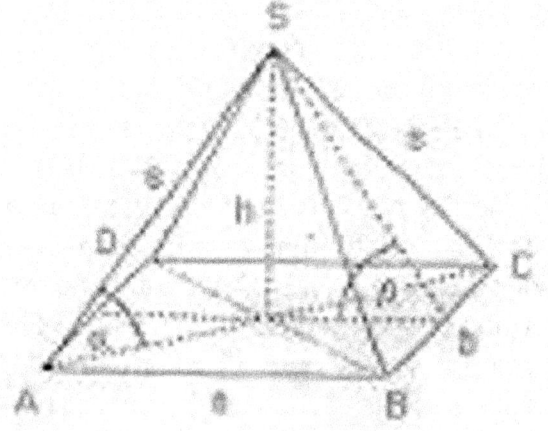

Der Betriebsleiter

Betriebsleiter sind für mich noch nicht so genau einzustufen. Wenn man sich die Pyramide mal anschaut stellt man fest, dass für diese Stufe nicht mehr viele Menschen übrig bleiben. Ich habe sie als ehrliche Menschen kennen gelernt und ihre Interessengebiete sind sehr vielfältig. Ihre Korrektheit zeichnet sie aus. Die wenigsten in dieser Stufe wissen was sie eigentlich darstellen. Ihnen fällt lernen leicht und ihr Verständnis für Probleme ist sehr groß. Sie können zwar auch arbeiten, aber sie vermeiden es, weil andere zum Arbeiten geboren sind. Man hält sie für Spinner oder Freaks. Sie haben eine total andere Art ihr Wissen zu nutzen. Sie mögen die Natur und leben sinnvoller als andere Gruppen. Betriebsleiter sind umsichtig und denken immer auch an die Folgen ihres tuns. Sie sind der eigentliche Kopf der Gesellschaft. Sie koordinieren unser Leben in allen Einzelheiten. Ihre Art zu Denken sorgt dafür, dass wichtige Neuerungen sofort nach unten kommen und so neues Wissen nutzbar gemacht wird. Sie setzen in Praxisnähe um, was sie von den Denker und Wissenschaftlern erfahren. Ohne ihre Umsetzung von Theorie zur Praxis wären wir nicht lebensfähig. Sie sind sehr gute Lehrer, die in der Umsetzung mit Menschen eine Schlüsselrolle spielen. Uniprofessoren und hohe Politiker sollte diesen Stand haben um sich der tragweite ihres tuns überhaupt bewusst sein zu können. Sie sind Egozentrisch weil es ihnen angeboren ist. Sie stellen auch sich selbst oft in Frage. Ein Rat für die Betriebsleiter: Schaut euch die Finger der Menschen um euch herum an. Stellt euch ihr Potential als Wassereimer vor. Versucht nie 7 Liter in einen 5 Liter-eimer reinzubekommen. Das geht nun mal nicht. Überfordert eure Mitmenschen nicht. Begebt euch auf eure natürliche Position und umgib dich mit Meistern und Betriebsleitern. Geh sachlich mit allen Menschen um, die nicht auch Betriebsleiter sind... eure Gefühle sind nicht kompatibel.

Der Denker

Und die Denker unter uns muss ich enttäuschen. Ich habe sie bisher nicht in ihrer Stellung als Mitglied in unserer Gesellschaft erlebt. Ich nehme an. Dass Uniprofessoren und Wissenschaftler diesen Stand haben müssen, hatte aber seit meiner Erkenntnis über unser sein nicht mehr die Möglichkeit es zu überprüfen. In meinem Umfeld sind sie egozentrisch und menschenscheu. Sie fühlen sich fehl am Platz und flüchten in ihre Arbeit. Sie sind meisst unterfordert und deshalb haben sie eine sehr interessante Fantasie.

Mein gutgemeinter Rat an alle Leidensgenossen: Schaut euch die Finger der Menschen um euch herum mal an und ihr werdet schnell begreifen, dass es nicht viele von uns gibt. Behandelt alle ihrem Stand entsprechend. Es ist wichtig für euch die Menschen um euch herum sachlich und korrekt zu behandeln. Man hält euch für Spinner weil sie euer Denken nicht verstehen können. Zeigt ihnen eure Achtung in dem ihr ihnen ab und zu Aufgaben gebt. Aber immer ihrem Stand entsprechend. Nicht überfordern und nicht unterfordern ist ein wichtiger Faktor. Und immer die Hintergründe dabei klar machen. So helfen wir ihnen uns zu verstehen. Fangt bitte schnell in euren Familien damit an. Es fördert das Verständnis und somit das Zusammenleben. Versucht nie in einen 5 Litereimer mehr reinzufüllen, das geht nicht gut. Es liegt an uns Wissen sinnvoll zu verbreiten und es den Menschen unter uns logisch klar zu machen. Sie sind ein wichtiger Teil von uns. Bitte meldet euch bei mir unter didl@didls.de

27

Was man daraus lernen kann

Wir sind alle nur ein Teil der Evolution und an ihre Gesetze gebunden. Wenn man die Erziehung und das Umfeld als Vergangenheit verarbeiten kann und sich mit der Gegenwart als Brücke zu einer glücklichen Zukunft nutz, wird man ein glückliches Leben führen. Wer sich selbst erkennt und nach den Gesetzen lebt wird keine Probleme mehr haben. Behandele jeden Menschen mit Respekt. Erstrecht wenn er in der Evolution unter dir steht. Er ist darauf angewiesen von Höheren geführt zu werden. Ein sachlicher und korrekter Umgang ist Garantie für ein sinnvolles Zusammenleben.
Einen perfekten Partner findet jeder auf seiner eigenen Ebene.
Gleicher Stand bedeutet: gleiche Finger, gleiches Denken, gleiches Fühlen und gleiche Liebe!!!
Wie in meiner Pyramide zu sehen ist, habe ich neben den Berufsstufen auch Schulstufen mit hinein genommen, gerade in der Erziehung ist diese Erkenntnis viel Wert. Man kann schon

sehr früh anfangen ihr Potential in sinnvolle Bahnen zu lenken. Unser Schulsystem erfasst die verschiedenen Gruppen schon sehr genau. Wenn man schon früh sinnvoll zuordnen kann wozu unsere Kinder in der Lage sind werden sie ihr Potential sinnvoll für die Allgemeinheit einsetzen und dadurch glücklich sein. Nicht unsere Gene bestimmen unser Denken. Betriebsleiter zeugen nicht automatisch auch wieder Betriebsleiter. Wir dürfen unsere Kinder nicht erziehen, wir müssen ihnen die Möglichkeit geben ihren eigenen Weg zu finden. Ich könnte jetzt auch erklären warum das so ist, aber das ist ein so breites Thema, dass ich es hier nur anreißen kann

Erziehung.

Wenn man Kinder gleich nach ihren Fähigkeiten einordnet und zielgerecht lenkt werden sie nützliche Mitglieder der Gemeinschaft. Diese Perspektive ist unseren Kindern im Moment genommen. Zu viele Vermischungen in den letzten beiden Generationen machen es den Menschen unmöglich sich wirklich um das zu kümmern wozu sie eigentlich geboren wurden. Und umso mehr diese Vermischung fortschreitet umso unrationaler wird unsere Gesellschaft. Unsere Erziehung verursacht so viel Leid unter unseren Kindern. Borderliner, Mager- und Fettsucht, Drogen und Alkoholmissbrauch sind die bekanntesten Probleme, aber es gibt Tausende von Reaktionen auf unsere unnatürliche Erziehung. Bestimmte Gruppen sind dafür sehr anfällig und jede Gruppe für sich reagiert anders. Die Ursache ist aber immer unsere unnatürliche Erziehung.

Deshalb meine bitte an alle die Erziehen: überfordert eure Schüler nicht und helft ihnen zu begreifen. Behandelt sie ihrem Stand entsprechend und weckt so ihr Interesse sich sinnvoll zu entwickeln.

Lerngruppen gibt es schon unter den Tieren und sind deshalb auch bei Menschen sinnvoll. Diese Gruppen kann man effektiv gestalten in dem man sie ungefähr nach ihrem Stand einteilt. Man sollte darauf achten dass auf ungefähr gleiche immer auch ein etwas höherer Stand vertreten ist. Er dient als Ansprechpartner und wird sein Wissen an die unter ihm weitergeben. So funktioniert das überall in der Natur. Jedes Lebewesen ist zu einem bestimmten Zweck geboren. Und eine Altersbegrenzung gibt es nicht. In der Natur gibt es keine Jahre sondern nur Zustände. Die wichtigsten sind hier Geschlechtsreif und nicht Geschlechtsreif. Wenn die Pubertät anfängt, übernehmen die Hormone ihre Aufgabe in der Evolution. Deshalb ist ein natürlicher Umgang mit unserem dritten Grundbedürfnis (der Fortpflanzung) unerlässlich für eine gesunde Entwicklung unserer Kinder. Ehrlichkeit ist ein Grundrecht für alle. Warum belügen wir unsere Kinder immer wieder und bringen sie so zu Reaktionen wie ritzen oder sich zu übergeben? - Nur weil man versucht, sie zu erziehen anstatt sie zu lenken wie es eigentlich unsere Aufgabe ist. Wenn wir wollen dass unsere Kinder glücklich leben können dürfen wir sie nur noch lenken und ihnen zeigen wer sie wirklich sind.

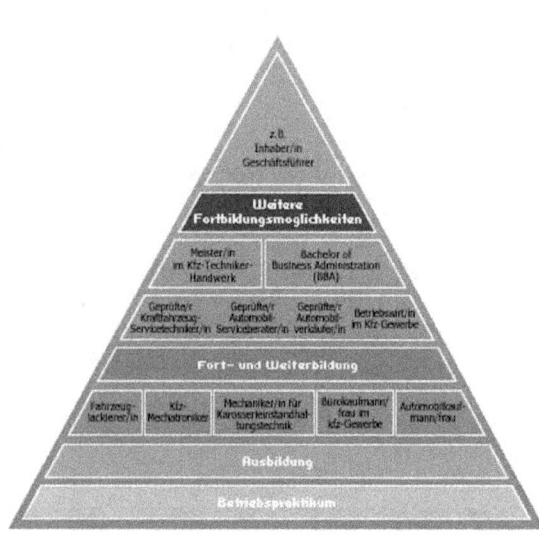

Berufsleben

In der Arbeitswelt kann man mit Hilfe der Finger das Personal effizienter einsetzen. Man kann das Potential seiner Mitarbeiter optimal einsetzen und geht zwischenmenschlichen Problemen aus dem Weg. Bei Einzelarbeitplätzen ist das noch einfach. Aber wenn Gruppen gebildet werden ist es nicht leicht, diese zu steuern. Wenn man bei ihrer Zusammenstellung sinnvoll, mit Hilfe der Pyramide ihre natürliche Hierarchie berücksichtigt, werden sie sinnvoll Hand in Hand arbeiten. Wenn man sich die Natur mal anschaut - sind es immer Gruppen von Tieren, die in anderen Gruppen bestimmte Aufgaben haben. Sie formieren sich automatisch, da es ihre natürliche Aufgabe ist dies zu tun. Jede dieser Gruppen hat wiederum einen Führer, der etwas höher steht als die Anderen. Er dient als Bindeglied zum Herdenkern, Meister eben.
Fordert die Menschen ihren Fähigkeiten entsprechend und ihr werdet wertvolle und dankbare Mitarbeiter haben. Wer optimal ausgelastet ist respektiert seine Kollegen - weil er weiß, dass es allen so geht wie ihm. Bei einem Experiment

meinerseits bildete sich sogar eine Gemeinsamkeit über die Arbeit hinaus. Alle waren glücklich und zufrieden und die Produktion war hoch wie nie. Als ich das Experiment abbrach und man diese Menschen umordnete, zerplatzte alles wie eine Seifenblase. Schlechte Laune und Frust zogen wieder ein und fast alle lebten wie vorher. Das ist die Folge wenn man glücklichen Menschen ihre natürliche Struktur nimmt. Ihr könnt mir glauben wenn ich euch sage: mit dem Wissen der Finger werden alle Menschen glücklich werden können. Ordnet eure Mitarbeiter mal nach ihrer Natur und ihr werdet sehen, dass auch ihr ihren Sinn erkennen könnt. Ein fachliches Können kann man auch über sein Gesamtpotential hinausentwickeln. Dieses ist aber dann nicht erneuerbar. So eingesetzte Menschen können Neuerungen schlecht oder meist gar nicht mehr umsetzen. Jede Entwicklung endet einmal. Wenn man mehr Gas gibt ist der Tank schneller leer. Unser Potential ist wie ein Eimer. Wenn der Eimer voll ist läuft er über, aber voller wird er nicht. Nur wenn wir uns langsam und sinnvoll bewegen können wir unser

Potential voll ausnutzen. Gib deinen
Mitarbeitern diese Chance. Sie werden
treue Helfer sein so lange du sie
brauchst. Die Gründer unserer Industrie
wussten das noch. So haben sie
aufgebaut, was jetzt Generationen später
in ihrer Gier zerstören. Das liegt daran,
dass das Erbe nicht an den gleichen
Stand weiterging sondern an die Gene.
Ein verheerender Umstand der schon
andere Hochkulturen untergehen ließ.
Unsere Hochkultur ist ihrem Ende nah,
weil wir denselben Fehler machten wie
diese auch. Jetzt ist die Menschheit
soweit, diese Fehler zu erkennen und
auszuschalten. Aber bis es soweit ist
liegt es mit an euch, wie angenehm unser
Leben sein wird. Deshalb sucht euch
Arbeitsplätze die sinnvoll für euch sind
und eurem Stand entsprechend. Wenn
mal mehr dieses Wissen nutzen werden
viele Menschen neue Jobs suchen und
andere frei werden. „Suchen" aber
gezielt ist da wichtig. Versuch nicht
mehr zu sein als du Bist. Dieses Wissen
wird man in den Personalbüros auch
bald nutzen. Wer hätte nicht gerne
motivierte und ausgelastete Mitarbeiter?
Dieses Wissen wird allen die

Möglichkeit geben glücklich zu werden. Umso schneller es sich verbreitet, desto mehr hat man auch selbst davon. Die Menschen um uns leben ihren wahren Stand jetzt sinnvoll aus und sind nützliche und glückliche Bestandteile unserer Gesellschaft. Deshalb mein Tipp an euch: ernsthaft ausprobieren und glücklich werden.

Partnersuche

Bei der Partnersuche ist die Nutzung dieses Wissens bahnbrechend. Wenn man einen idealen Sexualpartner sucht ist es genauso gut einzusetzen wie bei einem Lebenspartner. Der Idealfall ist, wenn man keine Kompromisse mehr eingehen muss. Wenn man sich ergänzt in allem was man tut, gibt es keine Kompromisse mehr. Um einen Partner zu finden mit dem man sich dauerhaft ergänzt - da man sich gemeinsam entwickelt, muss man seine Funktion erkennen. Wenn man sich mal in eine Reihe eingeordnet hat, braucht man nur jemanden aus der gleichen Reihe suchen und man wird eine glückliche Partnerschaft haben. In anderen Kulturen weiß man, wie man früher glückliche Paare gemacht hat. In Indien ist es heute noch so, dass Paare nach 3 Kriterien zusammengeführt werden. Jedes Kind hat eine Art Tagebuch in dem die Entwicklung festgehalten wird. Dann wird eine Art Horoskop befragt, welches spezielle Eigenschaften an den Tag bringen soll. Als letztes wird die Familienzugehörigkeit geprüft. Danach sucht man Menschen die zueinander passen und jeder bekommt mehrere Angebote zur Auswahl. Man entscheidet sich für ein Angebot und lebte Generationen glücklich mit diesem System. Wer seine Partner nach den Fingern aussucht wird ein perfektes Ergebnis erleben. Ich hab schon solche Paare erlebt. Es ist eine Freude zu wissen, dass alle so glücklich sein können. Wenn du einen Stein auf deiner Ebene gefunden hast, ist das schon recht gut. Wenn du aber einen Nachbarstein findest, wirst du eine Perfektion erleben die seinesgleichen noch kaum jemand kennt. Man kann sich spüren und vor allem riechen. Unsere natürlichen Instinkte übernehmen unser Denken. Wir Menschen haben sehr viele unterschiedliche Bedürfnisse. Beim Sex ist das nicht anders. Die Pyramide sagt auch alles über die sexuellen Bedürfnisse aus. Je nach Aufgabe für die man geboren wurde sind die Sexualverhalten auch zuzuordnen. Arbeiter haben immer mal kurze Pausen, deshalb sind sie eher auf häufigeren und kurzen Sex aus. Beim Meister spricht man vom Schäferstündchen und so steigt der Anspruch mit dem Potential. Was sollte also ein Denker mit einer Meisterin oder ein Betriebsleiter mit einer Vorarbeiterin? Das ist auch das Problem warum die meisten Partnerschaften auseinander gehen. Die sexuelle Befriedigung ist ein Grundstein des Glücklichseins. Sex ohne Befriedigung ist unnötig. Jede Frau muss ihre Orgasmen haben um ausgeglichen zu sein. Bei Männern ist das nicht anders. Nur dass es für Männer einfacher ist. Unsere Erziehung verhindert einen natürlichen Umgang mit Sex. In manchen Ständen gibt es so wenige Menschen, dass man auf Dinge wie Herkunft oder Alter keine Rücksicht nehmen kann. Diese Erfahrung brachte mich erst auf den Weg mich selbst zu ergründen und dabei auf das Wissen um die Pyramide zu stoßen. Die Liebe zu einer Frau, die ihrer Erziehung nach nicht zu mir passte. Ihr Leiden war es was dieses alles ermöglichte.

Mein Rat an alle die glücklich mit Partnern leben wollen. Sucht euch einen der auf derselben Stufe der Pyramide steht wie ihr. Ihr habt dieselbe Funktion in eurem Leben und werdet euch deshalb gemeinsam entwickeln. Ihr werdet euch ergänzen und dieselben Ansprüche auf Dauer haben. Ich kann nur sagen: ihr werdet unheimlich glücklich sein zusammen. Keine Eifersucht nur grenzenloses Vertrauen. Eine ideale Partnerschaft eben. Nutzt also die Chance so einen idealen Partner zu finden.

Anriss des Hintergrundwissens

Wir sind alle nur ein Teil der Evolution. Man muss in unserer Vergangenheit sehr weit zurückgehen um wirklich verstehen zu können - wie und warum wir sind. Menschen sind Tiere. Sie unterliegen denselben Gesetzen der Evolution wie jedes Lebewesen auf dieser Erde. Jedes Lebewesen hat eine bestimmte Funktion mit der es geboren wird. Diese Funktion entscheidet wie es denkt und was es tut. Durch die Gabe des Langzeitgedächtnisses hebt sich der Mensch von den anderen Tieren ab. Dieses Langzeitgedächtnis verdrängte, beim Lernen es zu nutzen, so nach und nach, unsere Urinstinkte (also uns selbst) in den Hintergrund. Die Menschen unserer Zeit wissen weder wozu sie geboren wurden, noch welchen Naturgesetzen sie unterliegen. Da die Natur aber nichts dem Zufall überlässt gab sie uns unverkennbare Merkmale mit, die es uns erlauben uns eindeutig in unsere Aufgabe einzuordnen. Da Denken und Körperbau in direktem Zusammenhang stehen, gibt es eindeutige Merkmale die uns unsere soziale Aufgabe zeigen. Umso näher wir dieser Aufgabe kommen desto glücklicher sind wir. Da uns im Laufe der Evolution gerade unsere Greiforgane geändert werden, kann man den gesamten Körperbau, in seinem Verhältnis zueinander, am Verhältnis Ring- zu Mittelfinger ablesen. Durch sehr viel Umgang mit Menschen und gezielten Vergleichen, lassen sich schnell Zusammenhänge erklären. Dieses Thema ist aber so vielfältig wie die Evolution selbst. Deshalb werde ich jetzt nicht näher darauf eingehen. Wer Interesse hat die Wahrheit der Menschheit zu erfahren sollte sich mit uns in Verbindung setzen.

Schlusswort

Das Aufnahmevermögen eines Menschen kann man in „Warum" messen. Umso öfter man sich die Frage „Warum" auf eine sinnvolle Frage befriedigend beantworten, kann umso umfangreicher kann er sein Wissen gestalten. Wenn man mit Menschen sinnvoll und korrekt umgeht gibt es keine zwischenmenschlichen Probleme mehr. Das ist schon ein wichtiger Schritt auf dem Weg seine eigene Aufgabe zu erkennen. Menschen respektieren wie sie sind. Das ist eines der Ziele dieses Spiels. Wenn man die Menschen respektiert wie sie wirklich sind werden sie auch anfangen Menschen zu respektieren. Es liegt an uns wie lange die Menschheit noch in dieser unnatürlichen Ordnung, in der sie sich nun mal befindet, leben muss. Es liegt an jedem einzelnen es zu ändern. Ordne dich ein, lebe sinnvoll mit deinen Mitmenschen und mach dich und die Menschen um dich herum glücklich. Sei dabei ein neues Zeitalter anzufangen. Sei dir dessen bewusst und lebe danach.

49

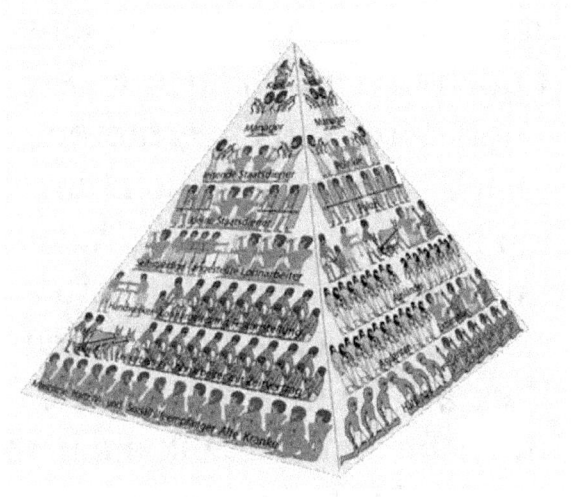

Ich widme dieses Buch *Lo*. Der Person die mich durch ihr Leid und ihre Fragen dazu brachte in mich zu gehen. Die mir die Aufgabe stellte ihr zu sagen warum ich so bin wie ich bin. Die Person die mein Leben in neue Bahnen lenkte und durch die ich erfahren habe, wer ich wirklich bin. Ich hoffe dass ich ihre Fragen in diesem Buch beantwortet habe und auch sie jetzt einen Weg aus ihrem Leiden findet. Einen speziellen Dank auch an „Knirbs" meinem Nachbarstein, die mir als Koautorin zur Seite stand. Ich liebe euch!!

Herstellung und Verlag:
Books on Demand GmbH, Norderstedt
ISBN 978-3-8370-2615-3

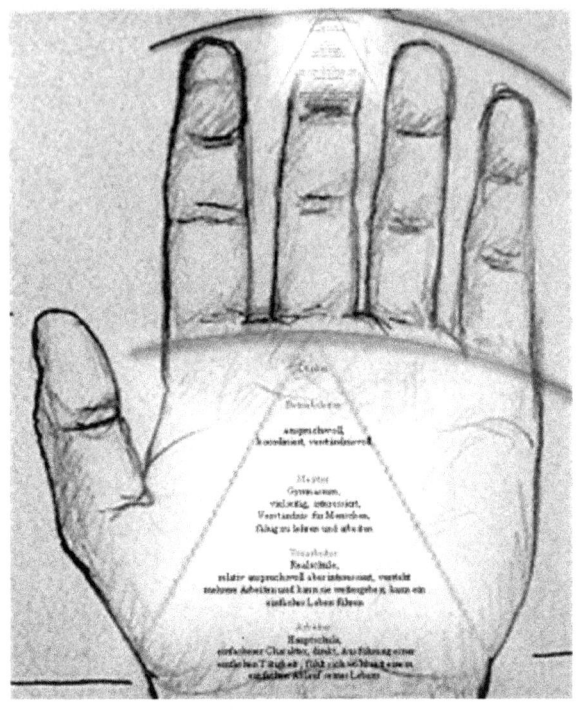

Viel Spaß und Glück in einer angenehmen Zukunft

www.ingramcontent.com/pod-product-compliance
Lightning Source LLC
Chambersburg PA
CBHW050025230526
45470CB00003B/1127